Über

den Koordinatenbegriff

und einige

Grundlehren von den Kegelschnitten.

Sonderabdruck

aus der 19. Auflage der

Hauptsätze

der

Elementar-Mathematik

zum

Gebrauche an höheren Lehranstalten.

Bearbeitet

von

Professor Dr. **F. G. Mehler.**

Mit einem Vorworte

von

Professor Dr. **Schellbach.**

Preis: 20 Pfennig.

Berlin.

Druck und Verlag von Georg Reimer.

1895.

Über den Koordinatenbegriff und einige Grundlehren von den Kegelschnitten.

I. Bestimmung der Lage von Punkten in einer Ebene.

§ 1. Die Lage eines Punktes auf einer Geraden kann dadurch in bestimmter Weise bezeichnet werden, daß man seine Entfernung von einem festen Punkte O der Geraden angiebt und hinzufügt, auf welchem der beiden in O begrenzten Teile der Geraden er liegt. Beide Angaben lassen sich durch eine einzige ersetzen, wenn man Strecken, die auf der Geraden in einer der beiden Richtungen (z. B. OX) gemessen werden, als positiv und Strecken, die in der entgegengesetzten Richtung (OX') gemessen werden, als negativ betrachtet. Unter der Abscisse eines Punktes P der Geraden versteht man seinen Abstand vom festen Punkte O, dem Anfangspunkte, positiv genommen, wenn P auf OX (in der Figur rechts von O), negativ, wenn P auf OX' (in der Figur links von O) liegt. Bezeichnet man also durch x die Abscisse irgend eines Punktes und durch a ihre absolute (d. h. ohne Vorzeichen genommene) Länge, so liegt der Punkt, dessen Abscisse $x = +a$ ist, rechts von O in der Entfernung a, und der Punkt, dessen Abscisse $x = -a$ ist, links von O in der Entfernung a.

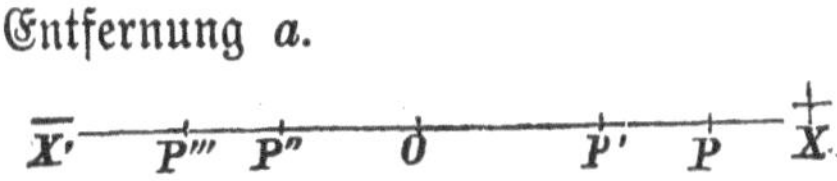

Man pflegt die Abscisse des Punktes, der um eine Längeneinheit rechts von O liegt, kurz durch $+1$ zu bezeichnen und dem entsprechend die Abscissen sämtlicher Punkte durch ihre mit dem erforderlichen Vorzeichen versehenen Maßzahlen zu ersetzen. Dadurch wird es möglich, mit den Abscissen beliebige Rechenoperationen nach den für algebraische Zahlen geltenden Gesetzen vorzunehmen.

§ 2. Die positiv genommene **Entfernung** zweier Punkte von einander ist gleich der Differenz der algebraisch größeren und der algebraisch kleineren Abscisse.

Denn sind x, x', x'', x''' die Abscissen der Punkte P, P', P'', P''', und ist $x > x' > 0 > x'' > x'''$, so ist, wenn a und b die absoluten Längen von x'' und x''' bezeichnen, also $a = -x''$, $b = -x'''$ ist:

1) $P'P = OP - OP' = x - x'$,

2) $P''P = P''O + OP = a + x = x - x''$,

3) $P'''P'' = P'''O - P''O = b - a = x'' - x'''$.

§ 3. **Aufgaben.** Aus den Abscissen x_1 und x_2 der Punkte P_1 und P_2 zu berechnen:

1) Die Abscisse h des Halbierungspunktes H der Strecke $P_1 P_2$.

Aufl. $P_1H = HP_2$, $h - x_1 = x_2 - h$, also: $h = \frac{1}{2}(x_1 + x_2)$.

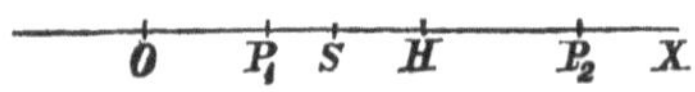

2) Die Abscisse s des Punktes S, der P_1P_2 so teilt, daß P_1S und SP_2 sich wie zwei gegebene positive Zahlen m_2 und m_1 verhalten.

Aufl. $(s - x_1) : (x_2 - s) = m_2 : m_1$, also $s = \dfrac{m_1x_1 + m_2x_2}{m_1 + m_2}$.

(Der Punkt S ist der **Schwerpunkt** zweier in P_1 und P_2 konzentriert gedachten Massen, die sich wie die Zahlen m_1 und m_2 verhalten.)

§ 4. **Rechtwinklige Koordinaten eines Punktes in der Ebene.** Es seien in der Ebene zwei einander rechtwinklig in O schneidende Gerade $X'X$ und $Y'Y$ gegeben, und OX und OY seien ihre positiven Richtungen. Durch Projektion eines beliebigen Punktes P der Ebene auf die beiden Geraden $X'X$ und $Y'Y$ entstehen auf diesen die Abschnitte $OQ(x)$ und $OR(y)$, welche die **rechtwinkligen Koordinaten** des Punktes P genannt werden. Der Schnitt-

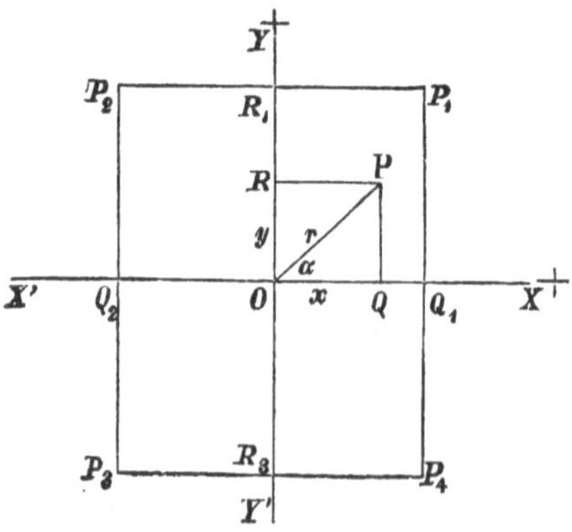

punkt O der Geraden heißt der **Anfangspunkt** der Koordinaten, die Geraden die **Koordinatenachsen**.

Man unterscheidet die Koordinaten (x und y) als **Abscisse** (x) und **Ordinate** (y), und nennt $X'X$ oder die X-Achse die **Abscissenachse** und $Y'Y$ oder die Y-Achse die **Ordinatenachse**. Die Abscisse x ist positiv oder negativ, je nachdem Q auf OX oder OX' (in der Figur rechts oder links von O) liegt; die Ordinate y ist positiv oder negativ, je nachdem R auf OY oder OY' (in der Figur oberhalb oder unterhalb O) liegt. Bezeichnet man die Ebenenstücke XOY, YOX', $X'OY'$, $Y'OX$ als den ersten, zweiten, dritten, vierten Quadranten der Ebene, so ist also x positiv für Punkte des ersten und vierten, negativ für solche des zweiten und dritten Quadranten, während y positiv für Punkte der beiden ersten, negativ für solche der beiden letzten Quadranten ist. (Vergl. Trigon. § 168.)

Um den Punkt (x, y), d. h. den Punkt, dessen Abscisse $= x$ und dessen Ordinate $= y$ ist, zu konstruieren, trägt man x und y von O aus in den ihren Vorzeichen entsprechenden Richtungen auf den zugehörigen Achsen ab und errichtet in den erhaltenen Punkten Lote auf den Achsen; der Schnittpunkt der Lote ist der gesuchte Punkt P oder (x, y). Man erhält P etwas einfacher mittels des Abschnittes OQ $(= x)$ und des Lotes QP $(= y)$. Häufig nennt man das Lot QP (statt des Abschnittes OR) die Ordinate des Punktes P; und ebenso kann auch das Lot RP als Abscisse des Punktes P bezeichnet werden. Sind zur Konstruktion eines Punktes nur die absoluten Längen a und b der Abscisse und Ordinate gegeben, so erhält man vier der Aufgabe genügende Punkte (P_1, P_2, P_3, P_4), die bezeichnet werden können als die Punkte:

$$(+a, +b);\ (-a, +b);\ (-a, -b);\ (+a, -b).$$

§ 5. **Aufgabe.** Aus den Koordinaten eines Punktes P seine Entfernung (r) vom Anfangspunkte O und die Größe des Winkels XOP (α) zu berechnen.

Auflösung. Es werde r positiv genommen und α von 0^0 bis 360^0 gemessen im Sinne der Drehung einer Geraden von OX aus über OY, OX', OY'. Diese der Reihenfolge der Quadranten entsprechende Drehung wird kurz als **positive Drehung** bezeichnet. Für die in den Figuren gewählte Stellung der Achsen erfolgt dieselbe entgegengesetzt der Drehung des Uhrzeigers. Nach dem Pythagoras und § 168 der Trigon. ist nun:

$$r = \sqrt{x^2 + y^2}; \quad \cos\alpha = \frac{x}{r}; \quad \sin\alpha = \frac{y}{r}.$$

§ 6. Ebenso wie durch seine rechtwinkligen Koordinaten x und y ist die Lage des Punktes P durch die Größen r und α eindeutig bestimmt. Man nennt r und α die Polarkoordinaten des Punktes P; der feste Punkt O heißt der Pol, die Entfernung r der Radiusvektor.

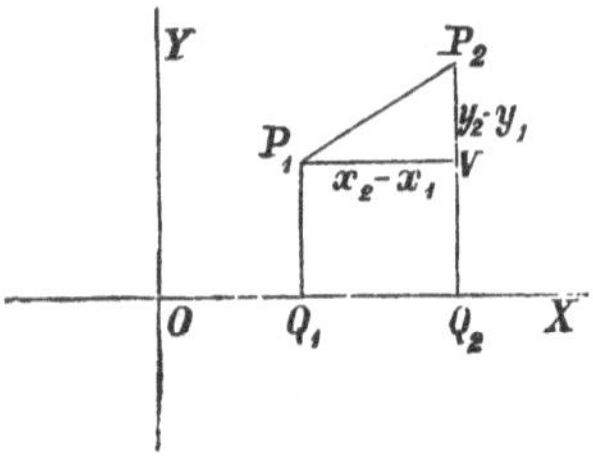

§ 7. Aufgabe. Die Entfernung zweier Punkte P_1 und P_2 durch ihre rechtwinkligen Koordinaten x_1, y_1 und x_2, y_2 auszudrücken.

Auflösung. Aus dem Dreieck P_1P_2V folgt:

$$P_1P_2 = \sqrt{(x_2 - x_1)^2 + (y_2 - y_1)^2}.$$

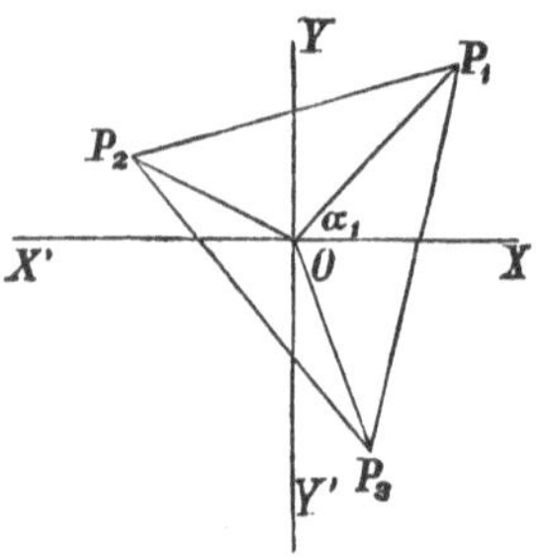

§ 8. Aufgabe. Den Flächeninhalt eines Dreiecks aus den Koordinaten seiner Ecken zu berechnen.

Auflösung. 1) Zunächst soll $\triangle OP_1P_2$ berechnet werden, dessen eine Ecke in den Anfangspunkt fällt. Setzt man $OP_1 = r_1$, $OP_2 = r_2$, $\angle XOP_1 = \alpha_1$, $\angle XOP_2 = \alpha_2$, so ist (unter der Voraussetzung, daß $\alpha_1 < \alpha_2$ und $\alpha_2 - \alpha_1 < 180^0$):

$$\triangle OP_1P_2 = \tfrac{1}{2} r_1 r_2 \sin(\alpha_2 - \alpha_1) = \tfrac{1}{2} r_1 r_2 (\sin\alpha_2 \cos\alpha_1 - \cos\alpha_2 \sin\alpha_1),$$

folglich, da $r_1 \cos\alpha_1 = x_1$, $r_2 \sin\alpha_2 = y_2$, u. s. w.:

$$1) \quad \triangle OP_1P_2 = \tfrac{1}{2}(x_1 y_2 - x_2 y_1).$$

Ist aber der zweite Teil der Voraussetzung nicht erfüllt, sondern $\alpha_2 - \alpha_1 > 180^0$, so ist der Dreieckswinkel P_1OP_2 nicht $= \alpha_2 - \alpha_1$, sondern $= 360^0 - (\alpha_2 - \alpha_1)$, sein Sinus also $= -\sin(\alpha_2 - \alpha_1)$, und folglich in diesem Falle:

$$1') \quad \triangle OP_1P_2 = -\tfrac{1}{2}(x_1 y_2 - x_2 y_1).$$

Es gilt also die erste oder zweite Formel, je nachdem die Dreiecksfläche durch positive oder negative Drehung der Geraden OP_1 in die Lage OP_2 beschrieben wird. Für $\alpha_1 > \alpha_2$ gelangt man zu demselben Resultat.

2) Der Inhalt eines beliebigen Dreiecks wird durch die Formel gefunden:

$$2) \quad \triangle = \pm \tfrac{1}{2}(x_1 y_2 - x_2 y_1 + x_2 y_3 - x_3 y_2 + x_3 y_1 - x_1 y_3).$$

Für das in der Figur gezeichnete Dreieck $P_1 P_2 P_3$ ist vor der Klammer das Zeichen $+$ zu wählen.

Liegen die drei Punkte (x_1, y_1), (x_2, y_2), (x_3, y_3) in derselben Geraden, so wird der von der Klammer eingeschlossene Ausdruck $= 0$, und umgekehrt.

§ 9. Aufgabe. Die Koordinaten ξ und η des Schwerpunktes der in den Punkten (x_1, y_1) und (x_2, y_2) konzentrierten Massen m_1 und m_2 zu berechnen.

Auflösung. Der Schwerpunkt S teilt $P_1 P_2$ so, daß $P_1 S : SP_2 = m_2 : m_1$. Nach demselben Verhältnis werden die Projektionen der Strecke $P_1 P_2$ auf die Achsen durch die Projektionen des Punktes S geteilt. Nach § 3, 2) ist also:

$$\xi = \frac{m_1 x_1 + m_2 x_2}{m_1 + m_2}, \quad \eta = \frac{m_1 y_1 + m_2 y_2}{m_1 + m_2}.$$

Für $m_1 = m_2$ erhält man die Koordinaten des Halbierungspunktes von $P_1 P_2$ $(\frac{1}{2}(x_1 + x_2)$ und $\frac{1}{2}(y_1 + y_2))$.

II. Darstellung von Linien durch Gleichungen. Gleichungsformen der Geraden und des Kreises.

§ 10. Durch x und y mögen die Koordinaten eines beliebigen Punktes der Ebene bezeichnet werden. Soll der Punkt (x, y) mit einem gegebenen Punkte (a, b) zusammenfallen, so läßt sich dies durch zwei Gleichungen, $x = a$ und $y = b$, ausdrücken. Wird aber z. B. die Bedingung gestellt, der Punkt (x, y) solle auf der Ordinatenachse liegen, so muß seine Abscisse x den bestimmten Wert 0 haben, während seine Ordinate jeden beliebigen Wert annehmen kann. Die eine Gleichung $x = 0$ stellt also keinen bestimmten Punkt dar, sondern sämtliche der Ordinatenachse angehörigen Punkte und nur diese; oder kürzer ausgedrückt: die Gleichung $x = 0$ ist die Gleichung der Ordinatenachse. Ebenso ist $y = 0$ die Gleichung der Abscissenachse, $x = a$ die Gleichung einer der Y-Achse parallelen Geraden, die auf der X-Achse die Abscisse a begrenzt, und $y=b$ die Gleichung einer der X-Achse parallelen Geraden, die auf der Y-Achse die Ordinate b abschneidet.

Die Gerade, welche die Winkel XOY und $X'OY'$ halbiert, kann als der geometrische Ort eines Punktes betrachtet werden, dessen Abscisse und Ordinate einander gleich sind; ihr entspricht also die Gleichung $x=y$.

Für jeden Punkt (x, y) des um O mit dem gegebenen Radius r beschriebenen Kreises ist nach § 5

$$x^2+y^2=r^2.$$

Dies ist also die Gleichungsform des Kreises, wenn sein Mittelpunkt mit dem Anfangspunkt der Koordinaten zusammenfällt.

Ebenso kann man für jede nach einem bestimmten geometrischen Gesetze konstruierte Linie sich die Aufgabe stellen, ihre Gleichung, d. h. die Gleichung zwischen den Koordinaten eines jeden ihrer Punkte, zu finden. Umgekehrt stellt eine gegebene Gleichung zwischen den Koordinaten x und y (im allgemeinen) eine Linie dar, nämlich den geometrischen Ort des Punktes, dessen Koordinaten der durch die Gleichung ausgedrückten Bedingung genügen. Berechnet man aus der Gleichung zu einer Reihe von Werten von x die zugehörigen Werte von y und konstruiert die entsprechenden Punkte (x, y), so gelangt man zu einer Vorstellung von der Gestalt der Ortslinie. Auch die geometrischen Eigenschaften einer solchen Linie lassen sich durch Untersuchung ihrer Gleichung herleiten.

Beispiel. Aus der Gleichung $y=2x-x^2$ ergeben sich z. B. folgende zusammengehörigen Werte von x und y:

$$x=-\tfrac{1}{2};\quad 0;\quad \tfrac{1}{2};\quad 1;\quad 1\tfrac{1}{2};\quad 2;\quad 2\tfrac{1}{2}$$
$$y=-1\tfrac{1}{4};\quad 0;\quad \tfrac{3}{4};\quad 1;\quad \tfrac{3}{4};\quad 0;\quad -1\tfrac{1}{4}.$$

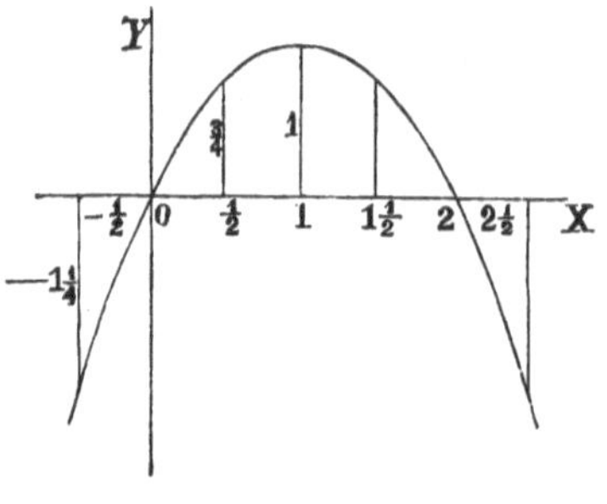

Die durch die Gleichung dargestellte Kurve geht also durch die Punkte $(-\frac{1}{2}, -1\frac{1}{4})$; $(0, 0)$; $(\frac{1}{2}, \frac{3}{4})$; ... Aus der Form der Gleichung ist z. B. auch leicht zu ersehen, daß die Kurve im dritten und vierten Quadranten sich bis ins Unendliche erstreckt.

§ 11. **Aufgaben.** 1) Die Gleichung der Geraden (CD), welche auf den Achsen die Abschnitte a und b begrenzt, aufzustellen. (a und b seien von 0 verschieden.)

Auflösung. P sei ein beliebiger Punkt der Geraden, $OA = a$ und $OB = b$. Fällt man auf OY das Lot PR, so ist $RP = x$, $OR = y$, $RB = b - y$, und es ergiebt sich $x : a = (b - y) : b$, also:

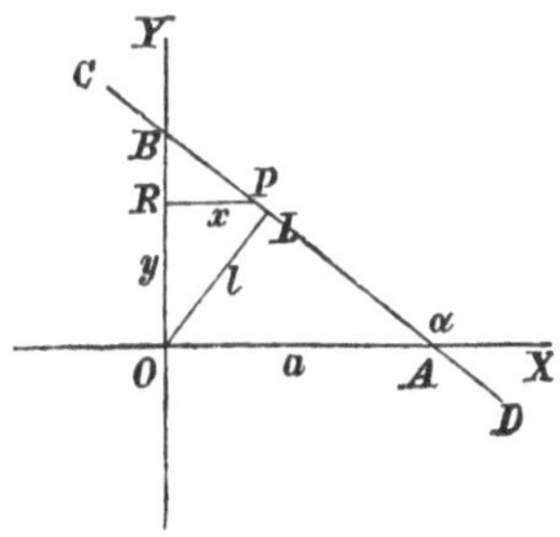

$$1)\quad \frac{x}{a} + \frac{y}{b} = 1.$$

2) Die Entfernung OL (l) dieser Geraden vom Anfangspunkte zu bestimmen. — Aufl. Es ist der doppelte Inhalt des Dreiecks ABO

$$= l . AB = l\sqrt{a^2 + b^2} \text{ und } = \pm ab, \text{ also:}$$

$$2)\quad l = \pm \frac{ab}{\sqrt{a^2 + b^2}}.$$

Je nachdem a und b gleiche oder entgegengesetzte Vorzeichen haben, ist rechts das Zeichen + oder — zu wählen.

3) Die Gleichung der Geraden aufzustellen, welche auf der Y-Achse den Abschnitt b begrenzt und mit der positiven X-Achse oberhalb derselben den Winkel α bildet.

Auflösung. Im Dreieck PBR ist $b - y = x \operatorname{tg}(180^\circ - \alpha) = -x \operatorname{tg}\alpha$, also:

$$3)\quad y = x \operatorname{tg}\alpha + b.$$

Für Punkte außerhalb der Geraden CD (z. B. für Punkte auf der Verlängerung von RP) ist die Gl. 1) (oder 3)) nicht erfüllt. Ist also die Gl. 1) oder 3) gegeben, so entspricht ihr eine bestimmte (aus a und b oder b und α sofort konstruierbare) Gerade.

§ 12. Lehrsatz. Jede Gleichung ersten Grades zwischen den Koordinaten ($fx + gy + h = 0$) stellt eine Gerade dar.

Beweis. Ist g nicht $= 0$, so läßt sich die Gleichung, indem man durch g dividiert und $f : g = -\operatorname{tg}\alpha$, $h : g = -b$ setzt, auf die Form 3) bringen. Ist aber $g = 0$, so muß f, weil sonst die Gleichung die Koordinaten nicht enthielte, von 0 verschieden sein, und man erhält $x = -h : f$, d. h. die Gleichung einer Parallelen zur Y-Achse.

§ 13. Aufgabe. Die Gleichung eines Kreises aufzustellen,

wenn die Koordinaten a und b seines Mittelpunktes und sein Radius r gegeben sind.

Auflösung. Die Entfernung des Punktes (x, y) der Peripherie vom Mittelpunkte (a, b) ist $= r$; nach § 7 ist also

$$(x-a)^2+(y-b)^2=r^2.$$

Anmerkung. Jede Gleichung von der Form

$$x^2+y^2+2fx+2gy+h=0$$

stellt, vorausgesetzt daß f^2+g^2-h positiv ist, einen Kreis dar.

§ 14. Aufgaben. Es seien r und r' die Entfernungen eines Punktes P oder (x, y) von zwei festen Punkten F und F'. Es soll der geometrische Ort des Punktes P für folgende Bedingungen gefunden werden: 1) $r'^2-r^2=q^2$, 2) $r^2+r'^2=q^2$, 3) $mr^2+m'r'^2=q^2$. (q ist eine gegebene Strecke, m und m' sind gegebene Zahlen; $m-m'$ und $m+m'$ seien von 0 verschieden.)

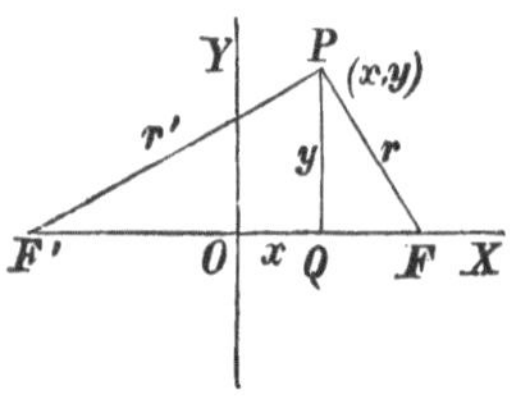

Auflösung. Zur X-Achse wähle man die Gerade $F'F$, zur Y-Achse die Mittelsenkrechte der Strecke $F'F$ $(=2c)$.

1) $(x+c)^2+y^2-[(x-c)^2+y^2]=q^2$; also $x=q^2:4c$.

2) $2x^2+2c^2+2y^2=q^2$, also $x^2+y^2=\frac{1}{2}q^2-c^2$.

3) $(m+m')(x^2+y^2+c^2)-2c(m-m')x=q^2$, also

$$\left(x-c\cdot\frac{m-m'}{m+m'}\right)^2+y^2=\frac{q^2}{m+m'}-\frac{4mm'c^2}{(m+m')^2}.$$

Der Ort ist also für 1) eine Gerade, für 2), so wie auch für 3), ein Kreis (bezw. ein Punkt, wenn die rechte Seite der zugehörigen Gleichung $=0$, oder unmöglich, wenn sie negativ ist). Der Mittelpunkt des Kreises liegt bei 2) in O, bei 3) im Schwerpunkte zweier in F und F' konzentriert gedachten, sich wie die Zahlen m und m' verhaltenden Massen.

III. Von der Parabel.

§ 15. Eine Parabel ist der geometrische Ort eines Punktes, dessen Entfernungen von einem festen Punkte und einer festen Geraden einander gleich sind. Der feste Punkt F heißt der Brennpunkt, die feste Gerade die Leitlinie. Für jeden Punkt P der Parabel ist also seine Verbindungslinie mit dem Brennpunkte F (der Brennstrahl oder Radiusvektor FP) gleich dem Lote LP auf die Leitlinie. Zieht man durch F senkrecht zur Leitlinie die Gerade BX und fällt auf diese das Lot PQ, so ist auch $FP = BQ$. Man kann also beliebig viele Parabelpunkte konstruieren, wenn man auf BX eine Reihe von Punkten Q, Q_1, ... annimmt, in diesen auf BX Lote errichtet und diese durch Kreisbogen, die um F mit BQ, BQ_1, ... beschrieben werden, in P und P', P_1 und P'_1, ... schneidet.

Der Halbierungspunkt A von BF gehört der Parabel an und wird ihr Scheitel genannt, die Gerade AX heißt die Achse der Parabel. Durch die Achse werden alle auf ihr senkrecht stehenden Parabelsehnen halbiert. Die durch F senkrecht zu AX gelegte Sehne

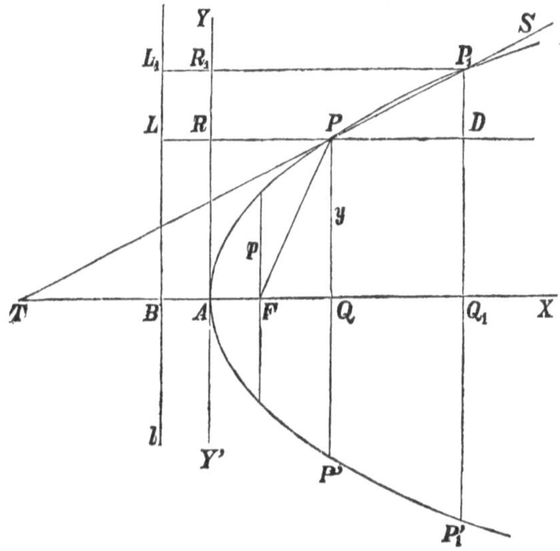

heißt der Parameter ($2p$) der Parabel; der Abstand BF des Brennpunktes von der Leitlinie ist gleich dem halben Parameter p. Die durch den Scheitel A senkrecht zu AX gelegte Gerade $Y'Y$ berührt die Parabel (weil sie zwei zusammenfallende Punkte mit ihr gemein hat) und heißt ihre Scheiteltangente.

§ 16. Aufgabe. Die Gleichung der Parabel in Bezug auf ihre Achse AX als Abscissenachse und ihre Scheiteltangente AY als Ordinatenachse aufzustellen.

Auflösung. Im $\triangle FQP$ ist $QP = y$, $FP = BQ = AQ + BA$

$= x+\frac{1}{2}p$, $FQ = x-\frac{1}{2}p$ (bezw., wenn Q zwischen A und F angenommen wird, $=\frac{1}{2}p-x$), also $y^2 = (x+\frac{1}{2}p)^2-(x-\frac{1}{2}p)^2$, das heißt: $y^2 = 2px$. (Scheitelgleichung der Parabel.)

§ 17. Man erkennt aus dieser Gleichung, daß negativen Werten von x keine, positiven je zwei reelle Werte von y ($\pm\sqrt{2px}$) entsprechen, und daß mit unbegrenzt wachsendem x zwar auch die Größe von y über jeden endlichen Wert hinaus wächst, aber erheblich langsamer als x. Denkt man sich die Gerade AP gezogen, so ist $\operatorname{tg}\angle XAP = y:x = 2p:y$; es wird also der Winkel XAP verschwindend klein, wenn der Punkt P auf der Parabel sich ins Unendliche entfernt.

Jede Parallele zur X-Achse (z. B. PD) schneidet die Parabel nur in *einem* Punkte (P) und heißt ein *Durchmesser* der Parabel.

§ 18. Der Winkel, den die Sehne PP_1 oder Sekante TS mit der X-Achse oder dem Durchmesser PD bildet, läßt sich aus $\triangle P_1PD$ berechnen:

$$\operatorname{tg}\angle P_1PD = \frac{DP_1}{PD} = \frac{y_1-y}{x_1-x} = \frac{2p(y_1-y)}{y_1^2-y^2} = \frac{2p}{y_1+y}.$$

Läßt man nun P_1 mit P zusammenfallen (also $y_1 = y$ werden), so wird die Sekante zur *Tangente*, und der Winkel α, den die durch den Punkt P der Parabel gehende Tangente mit der Achse der Parabel bildet, wird also gefunden durch die Gleichung

$$\operatorname{tg}\alpha = \frac{p}{y}.$$

§ 19. *Quadratur von Teilen der Parabelfläche.* Projiziert man die Sehne PP_1 auf AX und AY, so entstehen die Paralleltrapeze PP_1QQ_1 und PP_1RR_1. Das Verhältnis ihrer Flächen ist

$$= \frac{QQ_1(QP+Q_1P_1)}{RR_1(RP+R_1P_1)} = \frac{(x_1-x)(y_1+y)}{(y_1-y)(x_1+x)} = \frac{x_1-x}{x_1+x}\cdot\frac{y_1+y}{y_1-y}$$
$$= \frac{y_1^2-y^2}{y_1^2+y^2}\cdot\frac{y_1+y}{y_1-y} = \frac{(y_1+y)^2}{y_1^2+y^2}.$$

Nimmt man nun PP_1 unendlich klein, so nähert sich der letzte Quotient offenbar dem Grenzwerte 2. Da die unendlich kleine Sehne PP_1 als mit dem unendlich kleinen Bogen PP_1 zusammenfallend angesehen werden darf, so ist folglich das durch Projektion des unendlich kleinen Bogens PP_1 auf AX entstehende Flächenstück doppelt so groß wie das durch Projektion auf AY entstehende. Denkt man sich also den

Bogen *AP* in unendlich kleine Teile geteilt und diese auf *AX* und *AY* projiziert, so sieht man, daß auch das endliche Flächenstück *AQP* doppelt so groß ist wie *ARP*. Es ist folglich *AQP* zwei Drittel des Rechtecks *AQPR*, also $= \frac{2}{3}xy$, das heißt gleich einem Quadrate, dessen Seite die mittlere Proportionale zu $\frac{2}{3}x$ und y ist. Das Flächenstück ist daher geometrisch quadrierbar.

Jedes Flächenstück, das von einem beliebigen Parabelbogen und beliebig vielen geraden Linien begrenzt ist, läßt sich offenbar aus zwei Flächenstücken der betrachteten Art und den Flächen geradliniger Figuren durch Addition und Subtraktion zusammensetzen und ist daher ebenfalls geometrisch quadrierbar.

§ 20. Tangente und Subtangente, Normale und Subnormale.

1) Der durch den Berührungspunkt und die Parabelachse begrenzte Tangentenabschnitt *PT* wird vorzugsweise als „Tangente" bezeichnet, seine Projektion *TQ* auf die Achse heißt Subtangente. Das auf der Tangente in *P* errichtete Lot, und insbesondere der durch die Achse begrenzte Abschnitt *PN*, heißt Normale und deren Projektion auf die Achse, *QN*, Subnormale. Die Subtangente *TQ* ist $= y \cot\alpha$, also nach § 18 und § 16 $= y.(y:p) = y^2:p = 2x$, d. h. gleich der doppelten Abscisse. Die Subnormale *QN* ist $= y.\operatorname{tg}\alpha = p$, also konstant, und zwar gleich dem halben Parameter.

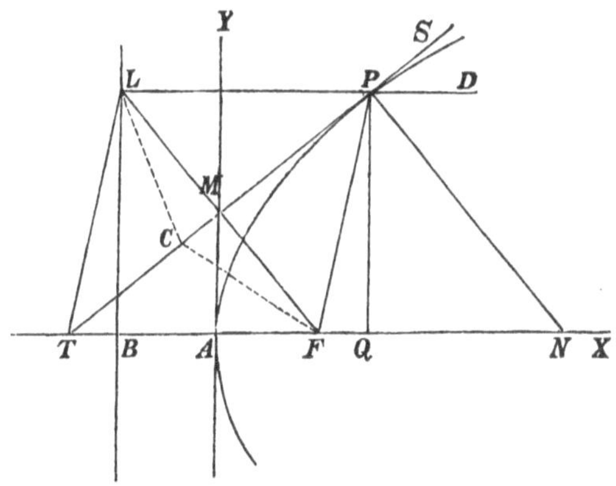

2) Es ist $TF = TA + AF = x + \frac{1}{2}p$ und $FN = AQ - AF + QN = x - \frac{1}{2}p + p = x + \frac{1}{2}p$, folglich $TF = FN$, und da $\angle TPN = 1R$ ist, auch $= FP$. Man kann also die Punkte T und N und folglich die Tangente und Normale konstruieren, indem man um den Brennpunkt F mit dem Radius FP einen Halbkreis beschreibt.

3) Da $TF = FP = LP$ und $TF \parallel LP$, so ist, wenn man noch

LT zieht, die Figur *TFPL* ein Rhombus, folglich der Winkel *TPF* gleich dem Winkel *TPL*, mithin auch gleich dessen Scheitelwinkel *SPD*. Die beiden Richtungen (*PT* und *PS*) der Tangente bilden also mit dem Radiusvektor *PF* und dem Durchmesser *PD* gleiche Winkel.

Dreht sich die Parabel um ihre Achse, so beschreibt sie eine krumme Oberfläche, welche ein Rotationsparaboloid genannt wird. Ein Hohlspiegel, dessen Oberfläche diese Gestalt hat, besitzt die Eigenschaft, daß alle auf ihn parallel der Achse auffallenden Licht- und Wärmestrahlen (*DP*) nach demselben Punkte, dem Brennpunkte (*F*), reflektiert werden.

4) Es ergiebt sich weiter, daß *PT* die Diagonale *LF* in *M* halbiert, und daß $\angle FMP = 1R$ ist. Verbindet man *A* mit *M*, so ist (da auch *BF* in *A* halbiert ist) $AM \parallel BL$, also $\perp AX$. Der Punkt *M* liegt also auf der Scheiteltangente *AY*, und es ergiebt sich der

Lehrsatz: Der geometrische Ort der Fußpunkte der vom Brennpunkte auf die Parabeltangenten gefällten Lote ist die Scheiteltangente.

Ferner folgt hieraus eine einfache Konstruktion der Parabel durch Tangenten. Zieht man nämlich aus einem festen Punkte (*F*) nach einer festen Geraden (*AY*) Strahlen und errichtet auf diesen in ihren Endpunkten (*M*, . .) Lote, so umhüllen dieselben eine Parabel.

5) Da die Tangente *ST* die Mittelsenkrechte der Strecke *LF* ist, so ist für jeden auf ihr liegenden Punkt *C*:

a) $\angle CMF = 1R$. b) $CL = CF$ und $\angle LCP = FCP$.

§ 21. Aufgabe. An eine durch Brennpunkt und Scheiteltangente oder Brennpunkt und Leitlinie gegebene Parabel aus einem gegebenen Punkte *C* Tangenten zu ziehen.

Auflösung 1. Man konstruiere (§ 20, 5a) den Kreis, der *CF* zum Durchmesser hat. Derselbe schneidet die Scheiteltangente in *M* und *M'*. Die Geraden *CM* und *CM'* sind die gesuchten Tangenten, und die Berührungspunkte *P* und *P'* können z. B. mittels der Eigenschaft, daß $MP = MT$ ist, gefunden werden.

Auflösung 2. Man beschreibe (§ 20, 5b) den Kreis um *C* mit dem Radius *CF*. Derselbe schneidet die Leitlinie in *L* und *L'*. Die gesuchten Tangenten sind nun die Halbierungslinien der Winkel *LCF* und $L'CF$ und werden von den aus L und L' zu BF gezogenen Parallelen in den Berührungspunkten P und P' geschnitten.

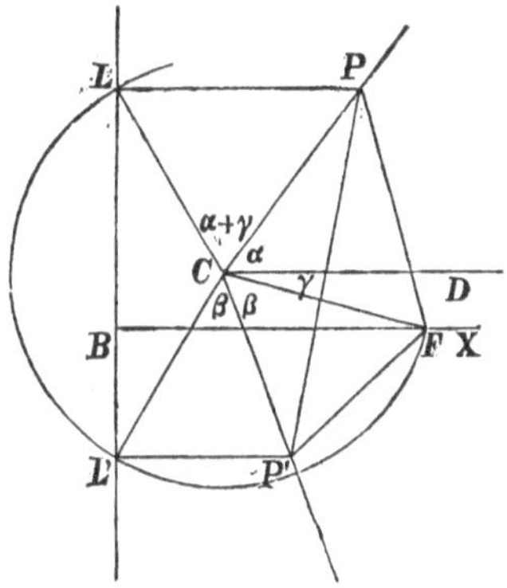

Folgerungen. 1) Es ist $\angle CLL' = CL'L$, daher auch $\angle CLP = CL'P'$, und da $\triangle CLP \cong CFP$ und $\triangle CL'P' \cong CFP'$, so ist auch $\angle CFP = CFP'$. Die Verbindungslinie des Brennpunktes mit dem Schnittpunkte zweier Tangenten halbiert also den Winkel der Brennstrahlen nach den Berührungspunkten. Oder: Die Tangenten CP und CP' erscheinen vom Brennpunkte aus unter gleichen Sehwinkeln.

2) Zieht man CD parallel zur Achse, also senkrecht zu LL', und nennt die Winkel PCD, DCF, FCP' bezw. α, γ, β, so ist $\angle LCP = \alpha + \gamma$ und $L'CP' = \beta$. Nun sind aber die Winkel LCD und $L'CD$ als Supplemente der gleichen Winkel CLP und $CL'P'$ einander gleich, also $\alpha + \gamma + \alpha = \beta + \beta + \gamma$, das heißt $\alpha = \beta$ oder $\angle PCD = P'CF$ (und auch, wenn γ addiert wird, $\angle PCF = P'CD$). Die vom Schnittpunkte zweier Tangenten ausgehende Parallele zur Achse und der Strahl nach dem Brennpunkte bilden also mit den Tangenten gleiche Winkel.

3) Die Berührungssehne PP' wird durch CD halbiert, weil CD gleiche Entfernungen von den ihr parallelen Geraden LP und $L'P'$ hat.

§ 22. Aufgabe. Den geometrischen Ort der Halbierungspunkte paralleler Parabelsehnen zu bestimmen.

Auflösung. Der konstante Winkel der Sehnen mit der Achse sei δ, die Koordinaten der Endpunkte einer Sehne x, y und x', y', und die Ordinate des Halbierungspunktes dieser Sehne sei $= \eta$. Es ist dann zufolge § 18, § 9 und § 16:

$$\operatorname{tg}\delta = (y - y') : (x - x'); \quad \eta = \tfrac{1}{2}(y + y'); \quad y^2 = 2px, \quad y'^2 = 2px'.$$

Durch Subtraktion der beiden letzten Gleichungen folgt:

$$(y + y')(y - y') = 2p(x - x'); \text{ also ist } \eta \operatorname{tg}\delta = p, \text{ oder } \eta = p \cot\delta.$$

Da η für alle parallelen Sehnen denselben Wert hat, so ist der gesuchte Ort eine Parallele zur Achse, ein Durchmesser der Parabel. Da dieser Durchmesser auch eine unendlich kleine zu der Schar gehörige Sehne halbiert, so ist die durch seinen Endpunkt gehende Parabeltangente den Sehnen parallel.

§ 23. Die Parabel als Kegelschnitt. Ein gerader Kegel werde durch eine Ebene $ADXE$ geschnitten, die auf einem Achsenschnitt BCM senkrecht steht und der Seitenlinie BM parallel ist. Eine solche Ebene ist parallel einer Tangentialebene (MBG) des Kegelmantels. Aus einem beliebigen Punkte P der Schnittkurve werde auf AX das Lot PQ gefällt und AQ als Abscisse x und QP als Ordinate y des Punktes P betrachtet. Legt man durch PQ einen Schnitt parallel zum Grundkreise, so ist $QP.QT = QS.QR$, oder $y^2 = QS.QR$. Nun ist $QS = XB$, und wenn $\angle BMC = 2\mu$ gesetzt wird, so folgt aus $\triangle AQR$, daß $QR = 2x \sin \mu$. Es ist daher $y^2 = 2BX \sin \mu . x$, oder wenn die Konstante $BX \sin \mu = p$ gesetzt wird, $y^2 = 2px$. Die Schnittkurve DAE ist also eine Parabel.

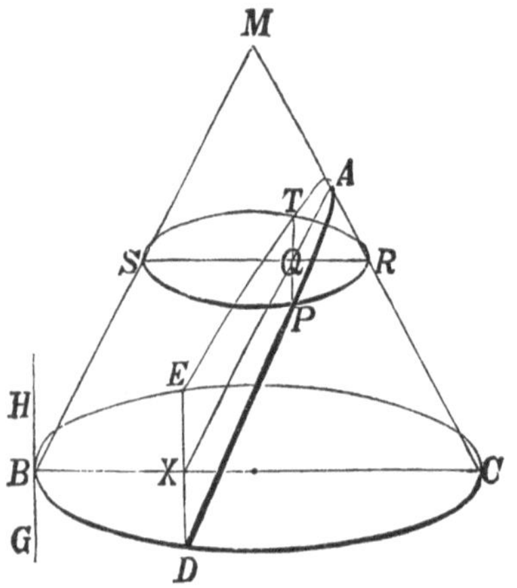

IV. Von der Ellipse.

§ 24. Eine Ellipse ist der geometrische Ort eines Punktes, dessen Entfernungen von zwei festen Punkten (den Brennpunkten F und F') eine konstante Summe ($2a$) haben. — Es muß $2a$ größer als der Abstand $2c$ der Brennpunkte sein.

Fadenkonstruktion der Ellipse. Um zwei bei F und F' befestigte Stifte wird ein geschlossener Faden gelegt; ein Zeichenstift, durch welchen der Faden gespannt wird, beschreibt, rings herumgeführt, die Ellipse.

Punktkonstruktion der Ellipse. Beschreibt man um F und F' mit a Kreisbogen, so schneiden sich dieselben in zwei der Ellipse angehörigen Punkten B und B'. Da F, B, F', B' die Ecken eines

Rhombus sind, so halbieren BB' und FF' einander (in M) und stehen auf einander senkrecht. Trägt man auf der Geraden $F'F$ von M aus a bis A und A' ab, so gehören auch A und A' der Ellipse an; denn $AF+AF' = A'F'+AF' = AA' = 2a$, und ebenso $A'F+A'F' = 2a$. Nimmt man nun auf MF einen beliebigen Punkt D an und beschreibt um F mit AD und um F' mit $A'D$ (so wie auch um F mit $A'D$ und um F' mit AD) Kreise, so müssen sich dieselben schneiden, weil die Centrale $F'F$ kleiner als die Summe ($2a$) und größer als die Differenz ($2MD$) der Radien ist, und die Schnittpunkte P_1 und P_4 (sowie auch P_2 und P_3) liegen auf der Ellipse. Auf diese Weise lassen sich beliebig viele Gruppen von je vier auf der Ellipse liegenden Punkten konstruieren. Da $FP_1 = F'P_3$ und $F'P_1 = FP_3$, so ist P_1FP_3F' ein Parallelogramm; die Diagonale P_1P_3 geht also durch M und wird in M halbiert.

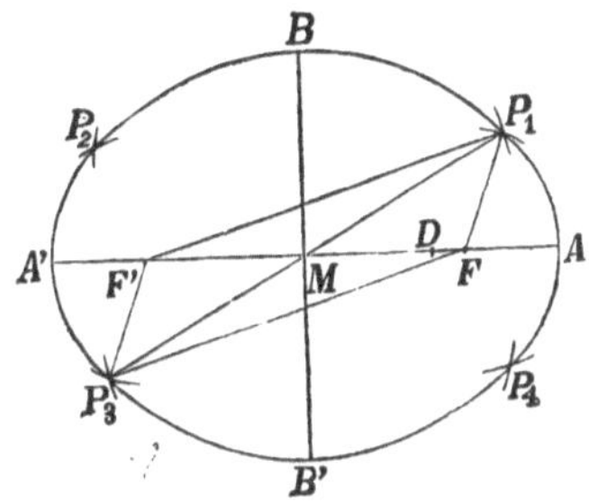

Der Halbierungspunkt M des Abstandes der Brennpunkte heißt der Mittelpunkt, jede durch ihn gezogene Sehne (z. B. P_1P_3) ein Durchmesser, der die Brennpunkte enthaltende Durchmesser AA' die große Achse ($2a$), der darauf senkrechte BB' die kleine Achse ($2b$) der Ellipse. Die Punkte A und A' heißen die Scheitel der großen Achse oder der Ellipse, die Punkte B und B' die Scheitel der kleinen Achse. Der Abstand c eines Brennpunktes vom Mittelpunkte heißt die lineare Excentricität, das Verhältnis derselben zur halben großen Achse die numerische Excentricität e ($= c:a$). Letztere ist stets ein echter Bruch, und von ihr allein hängt die Gestalt der Ellipse ab. — Es ist:

$$a^2 = b^2+c^2; \quad c = ae; \quad \text{also} \quad b = \sqrt{a^2-c^2} = a\sqrt{1-e^2}.$$

Die Verbindungslinien $FP(r)$ und $F'P(r')$ der Brennpunkte mit einem Punkte P der Ellipse heißen Brennstrahlen oder Radienvektoren.

§ 25. Aufgabe. Die Gleichung der Ellipse in Bezug auf ihre Achsen als Koordinatenachsen aufzustellen.

Auflösung. Der positive Teil der X-Achse gehe durch A, der

der Y-Achse durch B; MQ sei $= x$, $QP = y$. Nach der Definition der Ellipse ist $r' + r = 2a$, und aus den Dreiecken $F'PQ$ und FPQ ergiebt sich, da $F'Q = c + x = ae + x$ und $QF = ae - x$ ist:

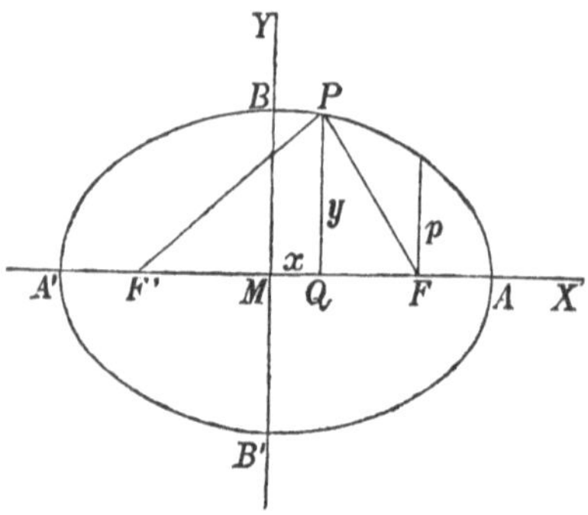

$$r'^2 = (ae + x)^2 + y^2,$$
$$r^2 = (ae - x)^2 + y^2;$$
$$r'^2 + r^2 = 2(a^2e^2 + x^2 + y^2),$$
$$r'^2 - r^2 = 4aex.$$

Die letzte Gleichung durch $r' + r = 2a$ dividiert giebt $r' - r = 2ex$. Folglich ist

$$r' = a + ex, \quad r = a - ex,$$

und die Gleichung für $r'^2 + r^2$ geht über in

$$a^2 + e^2x^2 = a^2e^2 + x^2 + y^2, \quad \text{oder} \quad a^2(1 - e^2) = (1 - e^2)x^2 + y^2.$$

Vertauscht man die Seiten, dividiert durch $a^2(1 - e^2)$ und beachtet, daß $a^2(1 - e^2) = b^2$ ist, so erhält man die gesuchte Gleichung in der Form:

$$\frac{x^2}{a^2} + \frac{y^2}{b^2} = 1. \quad \text{(Mittelpunktsgleichung der Ellipse.)}$$

§ 26. Aus dieser Gleichung ist ersichtlich, daß x^2 den Wert a^2 und y^2 den Wert b^2 nicht übersteigen kann; es liegt also die Ellipse ganz innerhalb des Rechtecks, das durch die auf den Achsen in ihren Scheiteln errichteten Lote begrenzt wird. Ist (x, y) ein Punkt der Ellipse, so liegen auf ihr auch die Punkte $(-x, y)$, $(-x, -y)$ und $(x, -y)$, woraus hervorgeht, daß die Ellipse durch ihre Achsen in vier kongruente Stücke zerschnitten wird.

Die in einem Brennpunkte F errichtete positive Ordinate p heißt der halbe Parameter der Ellipse. (Der ganze Parameter $2p$ ist die Länge der auf der großen Achse in einem Brennpunkt senkrecht stehenden Sehne.) Um p zu berechnen, muß man in der Gleichung der Ellipse $x = c$ und $y = p$ setzen; dadurch wird:

$$\frac{p^2}{b^2} = 1 - \frac{c^2}{a^2} = \frac{a^2 - c^2}{a^2} = \frac{b^2}{a^2}, \text{ d. h. } p = \frac{b^2}{a} \text{ (oder } p = a(1 - e^2)).$$

§ 27. Der Kreis, welcher die große Achse AA' zum Durchmesser hat, möge der Scheitelkreis der Ellipse genannt werden. Verlängert man die zur Abscisse x (MQ) gehörigen Ellipsenordinaten y, bis sie den Scheitelkreis schneiden, und bezeichnet die Kreisordinaten durch η, so ist:

$$y = \pm \frac{b}{a} \sqrt{a^2 - x^2},$$

$$\eta = \pm \sqrt{a^2 - x^2}; \quad \text{also}$$

$$\frac{y}{\eta} = \frac{b}{a}.$$

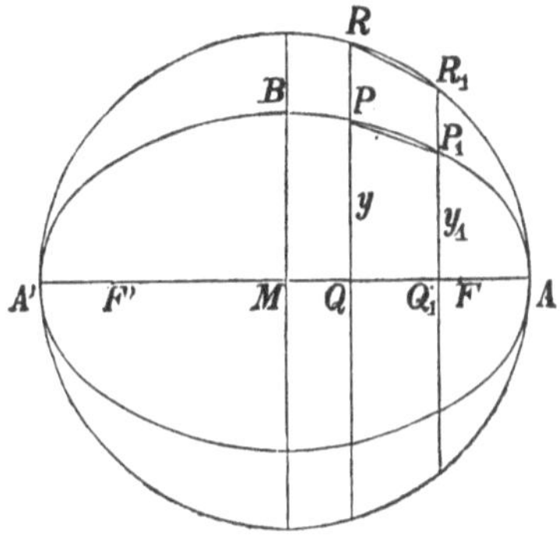

Man erhält also eine Ellipse, wenn man die Hälften der auf einem Durchmesser eines Kreises senkrecht stehenden Sehnen sämtlich in demselben Verhältnis verkürzt. Auch durch Verlängerung paralleler Kreissehnen um Strecken, die ihnen proportioniert sind, entsteht, wie leicht einzusehen ist, eine Ellipse.

Folgerung. Projiziert man eine Kreisfläche rechtwinklig auf eine ihr nicht parallele Ebene, so behalten alle der Durchschnittslinie der beiden Ebenen parallelen Sehnen die gleiche Länge, während die auf der Durchschnittslinie senkrechten Sehnen sämtlich in demselben Verhältnis verkürzt werden. Die orthogonale Projektion eines Kreises auf eine Ebene ist also eine Ellipse, deren große Achse dem Kreisdurchmesser gleich ist. Oder anders ausgedrückt: Der Mantel eines schiefen Kreiscylinders wird durch eine zu den Seitenlinien senkrechte Ebene in einer Ellipse geschnitten. — Die Mantelfläche eines solchen Cylinders ist also gleich dem Produkte aus der Seitenlinie und dem Umfange dieser Ellipse.

Ebenso ergiebt sich leicht der Lehrsatz: Der Mantel eines geraden Kreiscylinders wird durch eine Ebene (die weder den Grundflächen noch den Seitenlinien parallel ist) in einer Ellipse geschnitten. — Hier ist die kleine Achse der Ellipse gleich dem Durchmesser des kreisförmigen Durchschnitts.

§ 28. Inhalt der Ellipsenfläche. Denkt man sich dem Scheitelkreise ein Polygon eingeschrieben, von dem der Einfachheit halber angenommen werden möge, daß es durch AA' in zwei symmetrische Hälften geteilt werde, so entspricht demselben ein der Ellipse eingeschriebenes Polygon, dessen Ecken dieselben Abscissen haben, wie die entsprechenden Ecken des Kreispolygons. In der Figur (§ 27) sind die Trapeze PP_1QQ_1 und RR_1QQ_1 entsprechende Teile der Polygonflächen. Da diese Trapeze dieselbe Höhe QQ_1 haben, so verhalten sie sich wie die Summen ihrer Grundlinien $y+y_1$ und $\eta+\eta_1$. Nun ist

$$y=\frac{b}{a}\eta,\quad y_1=\frac{b}{a}\eta_1,\quad \text{also}\quad y+y_1=\frac{b}{a}(\eta+\eta_1);$$

$$PP_1QQ_1=\frac{b}{a}\cdot RR_1QQ_1.$$

Hieraus folgt, daß die Flächen der eingeschriebenen Polygone, und wenn die Seiten unendlich klein genommen werden, daß auch die Flächen der Ellipse und des Kreises das Verhältnis $b:a$ haben.

Die Ellipsenfläche ist also $=\frac{b}{a}\cdot\pi a^2$, d. h. $=\pi.a.b.$

§ 29. Würde man die Sehnen PP_1 und RR_1 in der Figur zu § 27 bis zum Durchschnitt mit der X-Achse verlängern, so würden sie die Strecke QQ_1 außen bezw. nach den Verhältnissen $y:y_1$ und $\eta:\eta_1$ teilen. Diese Verhältnisse sind aber, wie aus der Proportion $y:\eta=y_1:\eta_1$ folgt, einander gleich; die Sekanten PP_1 und RR_1 schneiden also die X-Achse in einem und demselben Punkte. Läßt man nun P_1 unendlich nahe an P, also auch R_1 an R, rücken, so erkennt man, daß die durch P an die Ellipse und die durch R an den Kreis gelegte Tangente sich auf der X-Achse schneiden, und es ergiebt sich folgende **Konstruktion der Ellipsentangente.** Man verlängere die Ordinate QP bis zum Durchschnittspunkte R mit dem Scheitelkreise, ziehe $RT\perp MR$ und verbinde T mit P; dann ist PT die gesuchte Tangente.

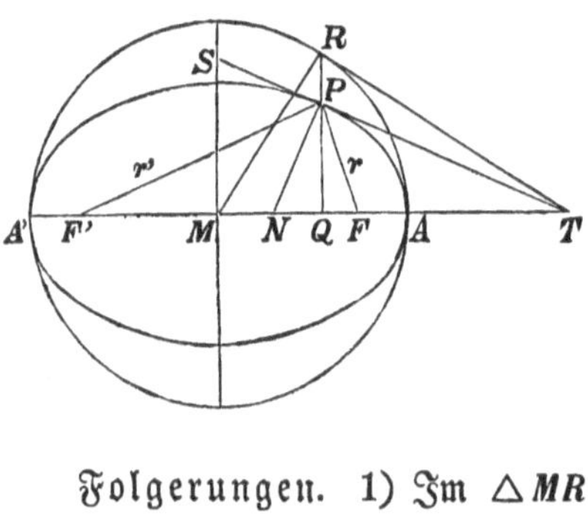

Folgerungen. 1) Im $\triangle MRT$ ist $MR^2=MQ.MT$, also

$$MT=\frac{a^2}{x};\quad F'T=\frac{a^2}{x}+ae=\frac{a(a+ex)}{x};\quad FT=\frac{a(a-ex)}{x}.$$

Nach § 25 ist aber $a+ex=r'$ und $a-ex=r$, also $F'T:FT=r':r$. Die Seite $F'F$ des Dreiecks $F'FP$ ist also in T außen nach dem

Verhältnis der anliegenden Seiten geteilt, und die Gerade SPT halbiert folglich die Nebenwinkel des Winkels $F'PF$. Oder: Die Tangente bildet gleiche Winkel mit den Brennstrahlen nach ihrem Berührungspunkte. $(\angle SPF' = TPF.)$ — Wirkt die innere Seite der Ellipse spiegelnd, so werden alle von einem Brennpunkte ausgehenden Strahlen nach dem anderen Brennpunkte reflektiert.

2) Die Normale PN halbiert den Winkel $F'PF$. Ferner folgt, daß die Subtangente $QT = \frac{a^2}{x} - x = \frac{a^2 - x^2}{x} = \frac{a^2 y^2}{b^2 x}$,

die Subnormale $NQ = \frac{y^2}{QT} = \frac{b^2 x}{a^2}$, und daß $\operatorname{tg}\beta = \frac{a^2 y}{b^2 x}$,

wenn β den Winkel PNA der Normale mit der X-Achse bezeichnet. Der Abschnitt MN ist $= x - NQ$, also $MN = e^2 . x$.

§ 30. Die Leitlinien der Ellipse. Aus der Gleichung $r = a - ex$ folgt $r = e\left(\frac{a}{e} - x\right)$. Trägt man also $\frac{a}{e}\left(=\frac{a^2}{c}\right)$ auf der positiven X-Achse von M aus bis E ab, zieht dann durch E die Gerade l senkrecht zu ME und fällt auf l das Lot PL, so ist $r = e . QE = e . PL$, also $PF : PL = e$. Die Ellipse kann also angesehen werden als der geometrische Ort eines Punktes, dessen Entfernungen von einem festen Punkte (F) und einer festen Geraden (l) ein konstantes Verhältnis e haben, das kleiner als 1 ist. Die Gerade l heißt die dem Brennpunkte F zugeordnete Leitlinie; zu F' gehört die zweite Leitlinie l'. — Läßt man bei unveränderter Lage von F und l den Mittelpunkt M sich (nach links) ins Unendliche entfernen, so nähert sich $e (= c : a = MF : MA)$ dem Grenzwerte 1, es wird $PF = PL$, der Ort also eine Parabel, die deshalb als Ellipse mit unendlich entferntem Mittelpunkte angesehen werden darf.

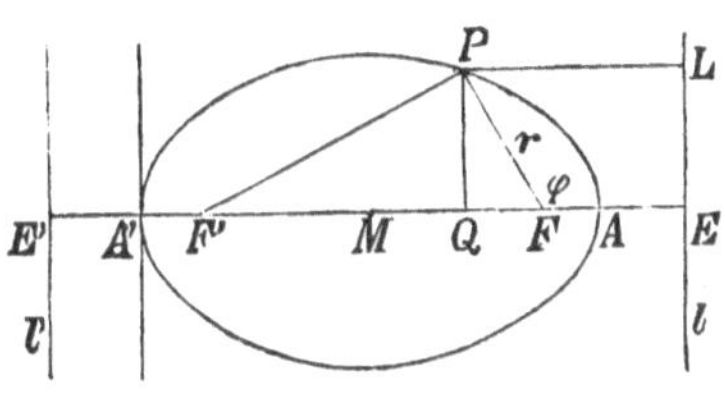

§ 31. Die Scheitelgleichung der Ellipse. Bezieht man die Ellipse auf $A'A$ als Abscissen- und die durch A' gelegte Scheiteltangente als Ordinatenachse, so behält die Ordinate QP des Punktes P den früheren Wert y, aber die neue Abscisse $A'Q$ oder x' ist

$= A'M + MQ = a + x$, also $x = x' - a$. Aus der Mittelpunktsgleichung (§ 25) ergiebt sich, durch Einsetzen des Wertes von x, die Scheitelgleichung:

$$\frac{(x'-a)^2}{a^2} + \frac{y^2}{b^2} = 1, \quad \text{oder} \quad \frac{y^2}{b^2} = \frac{2x'}{a} - \frac{x'^2}{a^2},$$

oder wenn für $b^2 : a$ der halbe Parameter p eingeführt wird:

$$y^2 = 2px' - \frac{px'^2}{a}.$$

Das Quadrat der Ordinate ist also bei der Ellipse kleiner als das Rechteck aus dem Parameter und der vom Scheitel aus gemessenen Abscisse, während es bei der Parabel gleich diesem Rechtecke ist. Bei der später zu betrachtenden Hyperbel ist das Quadrat größer als das Rechteck. Hierauf sind die Namen der drei Kurven zurückzuführen.

§ 32. Die Polargleichung der Ellipse für einen Brennpunkt als Pol. (Vergl. § 6.) Die Lage des Punktes P sei bestimmt durch die Länge r des Radiusvektors FP und den Winkel φ desselben mit der zum nächsten Scheitel führenden Richtung FA. Es ist

$r = a - ex$, $x = MF - QF = ae - r\cos(180^0 - \varphi) = ae + r\cos\varphi$;

also $r = a(1-e^2) - er\cos\varphi = p - er\cos\varphi$; mithin:

$$r = \frac{p}{1 + e\cos\varphi}.$$

Für die Parabel würde $e = 1$ zu setzen sein.

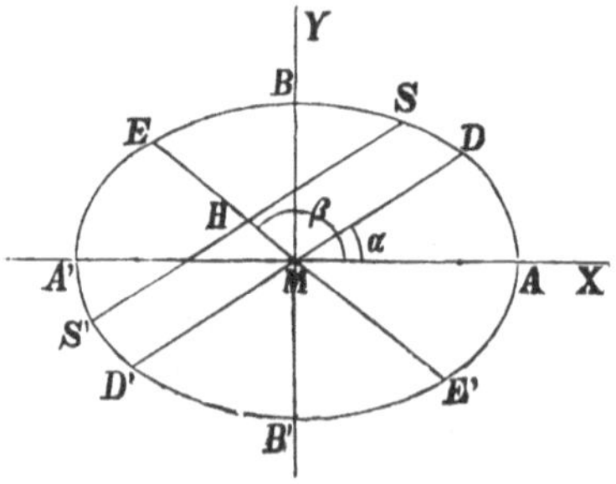

§ 33. Aufgabe. Den geometrischen Ort der Halbierungspunkte einer Schar von parallelen Sehnen der Ellipse zu bestimmen.

Auflösung. Der konstante Winkel, den die Sehnen mit MA bilden, sei α, die Koordinaten der Endpunkte (S, S') und des Halbierungspunktes (H) irgend einer dieser Sehnen seien x, y; x', y'; ξ, η. Es ist dann:

$$\operatorname{tg}\alpha = (y - y') : (x - x'), \quad \xi = \tfrac{1}{2}(x + x'), \quad \eta = \tfrac{1}{2}(y + y');$$

$$\frac{x^2}{a^2} + \frac{y^2}{b^2} = 1; \quad \frac{x'^2}{a^2} + \frac{y'^2}{b^2} = 1; \text{ folglich } y^2 - y'^2 = -\frac{b^2}{a^2}(x^2 - x'^2).$$

Aus diesen Gleichungen ergiebt sich leicht:

$$(y+y')\operatorname{tg}\alpha = -\frac{b^2}{a^2}(x+x'),\quad \text{also}\quad \eta = -\frac{b^2}{a^2}\cot\alpha.\xi.$$

Der gesuchte Ort ist somit eine durch den Anfangspunkt der Koordinaten gehende Gerade, also ein Durchmesser (EE') der Ellipse. Der Winkel β desselben mit der X-Achse ist (nach § 11, 3) bestimmt durch die Gleichung

$$\operatorname{tg}\beta = -\frac{b^2}{a^2}\cot\alpha \quad \text{oder} \quad \operatorname{tg}\alpha.\operatorname{tg}\beta = -\frac{b^2}{a^2}.$$

Da diese Gleichung durch Vertauschung von α und β ungeändert bleibt, so werden auch alle mit EE' parallelen Sehnen durch den der ersten Sehnenschar angehörigen Durchmesser DD' halbiert. Zwei Durchmesser (wie DD' und EE'), von denen jeder die dem anderen parallelen Sehnen halbiert, heißen konjugierte Durchmesser. Die durch die Endpunkte konjugierter Durchmesser gelegten Tangenten bilden ein Parallelogramm, dessen Seiten den Durchmessern bezw. parallel sind.

§ 34. Elementargeometrische Ableitung einiger Eigenschaften der Ellipse.

1) P sei ein beliebiger Punkt einer Ellipse, deren Scheitel A und A' und Brennpunkte F und F' gegeben sind. Verlängert man den Brennstrahl $F'P$ um FP bis G, so ist $F'G = 2a$. Auf der Halbierungslinie des Winkels FPG (die FG in H halbiert und auf FG senkrecht steht) sei ein beliebiger Punkt C angenommen. Im Dreiecke $CF'G$ ist dann $CF'+CG > 2a$; aber $CG = CF$, also $CF'+CF > 2a$, d. h. der Punkt C liegt außerhalb der Ellipse. Es hat also die Gerade CP nur den einen Punkt P mit der Ellipse gemein oder ist eine Tangente derselben. (Auf anderem Wege ist diese Eigenschaft schon in § 29, Folg. 1) bewiesen.) — Der Punkt G heißt der Gegenpunkt des Brennpunktes F in Bezug auf die Tangente PC.

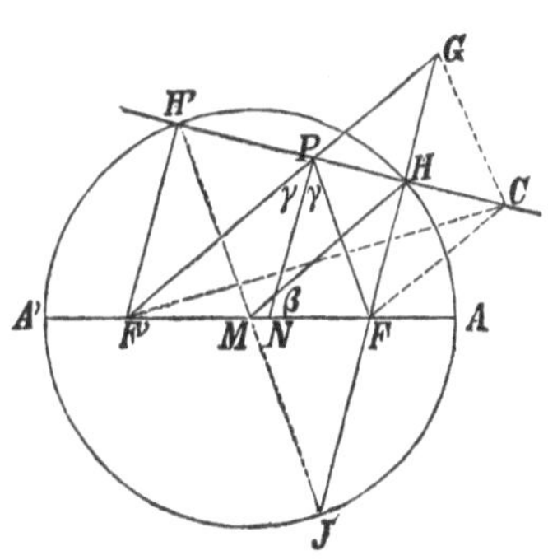

2) Der Winkel FHP ist $= 1R$, und da $FM = MF'$ und $FH = HG$, so ist $MH = \frac{1}{2}F'G = a$, d. h. der Punkt H liegt auf dem Scheitel-

kreise der Ellipse. Es gilt daher der Lehrsatz: Der geometrische Ort der Fußpunkte der aus einem Brennpunkte auf die Tangenten der Ellipse gefällten Lote ist der Scheitelkreis. Bewegt sich also der Scheitel (H) eines rechten Winkels auf der Peripherie eines Kreises, während einer seiner Schenkel beständig durch einen festen Punkt (F) innerhalb des Kreises geht, so umhüllt der andere Schenkel eine Ellipse.

3) Fällt man auf CP das Lot $F'H'$, so liegt auch H' auf dem Kreise über AA'. Verlängert man noch HF (s) bis zum zweiten Schnittpunkte J mit dem Kreise, so ist JH' ein Durchmesser und $\triangle JFM \cong H'F'M$, also $FJ = F'H' (= s')$. Nun ist $HF.FJ = A'F.FA = (a+c)(a-c) = b^2$, folglich $s.s' = b^2$. Das Produkt der Entfernungen jeder Tangente von den beiden Brennpunkten ist also konstant. — Die Dreiecke PFH und $PF'H'$ sind einander ähnlich, also $s:s' = r:r'$; folglich ist:

$$s = b\sqrt{\frac{r}{r'}}, \quad s' = b\sqrt{\frac{r'}{r}}.$$

4) Die Normale PN sei $= n$, $\angle FPN$, also auch $F'PN$ und HGP, $= \gamma$; dann ist $n:2s = r':(r'+r) = r':2a$ und $\cos\gamma = s:r$, also

$$n = \frac{b}{a}\sqrt{rr'} \quad \text{und} \quad \cos\gamma = \frac{b}{\sqrt{rr'}}.$$

Die Multiplikation dieser Gleichungen ergiebt: $n\cos\gamma = b^2:a = p$, d. h. die Projektion der Normale auf jeden der beiden Brennstrahlen PF und PF' ist gleich dem halben Parameter, also konstant. Für $\angle PNA (= \beta = GFA)$ ergiebt sich aus $\triangle F'FG$ nach dem Sinussatz: $\sin\beta : \sin\gamma = F'G : F'F = 2a : 2c = 1 : e$, so daß also β und γ mit einander durch die einfache Gleichung verbunden sind:

$$\sin\gamma = e \sin\beta.$$

5) Aufgabe. An eine Ellipse von einem außerhalb gelegenen Punkte C Tangenten zu ziehen.

Auflösung 1. In 2) war gefunden, daß $MH = a$ und $\angle CHF = 1R$; geometrische Örter für H sind also der Scheitelkreis und der Kreis vom Durchmesser CF.

Auflösung 2. Der Punkt G ist bestimmbar mittels der Kreise um F' mit $2a$ und um C mit CF.

§ 35. Lehrsätze. 1) Zieht man aus einem Brennpunkte

Strahlen nach dem Schnittpunkte und den Berührungspunkten zweier Tangenten, so halbiert der erste Strahl den Winkel der beiden anderen.

2) Zieht man aus dem Schnittpunkte zweier Tangenten Strahlen nach den beiden Brennpunkten, so bilden diese mit den Tangenten bezüglich gleiche Winkel.

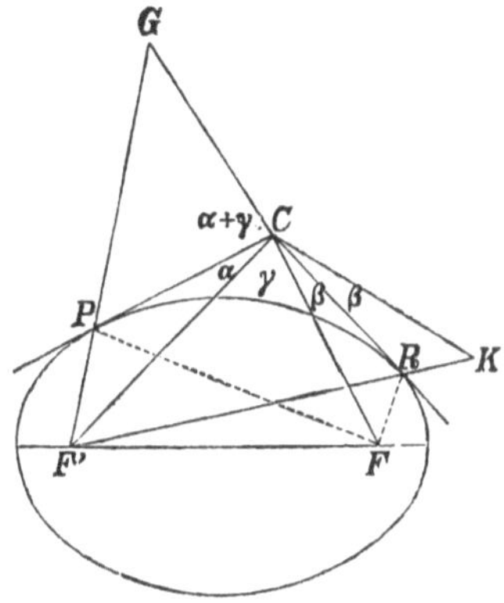

Beweis. 1) Man bestimme die Gegenpunkte G und K des einen Brennpunktes F in Bezug auf die beiden Tangenten CP und CR, indem man die Brennstrahlen $F'P$ und $F'R$ so weit verlängert, daß $F'G = F'K = 2a$ (§ 34, 1). Es ist dann auch $CG = CK$ (weil beide $= CF$) und CF' den Dreiecken $CF'G$ und $CF'K$ gemeinsam. Diese Dreiecke sind somit kongruent, folglich: 1) $\angle CF'P = CF'R$.

2) Nennt man die Winkel PCF', $F'CF$, FCR bezw. α, γ, β, so ist, weil $\angle FCG$ durch CP und $\angle FCK$ durch CR halbiert wird, $\angle PCG = \alpha + \gamma$ und $\angle RCK = \beta$. Nun ist in den beiden kongruenten Dreiecken der Winkel $GCF' = KCF'$, oder $\alpha + \gamma + \alpha = \beta + \beta + \gamma$, mithin $\alpha = \beta$ und auch $\alpha + \gamma = \beta + \gamma$, das heißt 2) $\angle F'CP = FCR$ und auch $\angle FCP = F'CR$.

Zusatz. In dem besonderen Falle, wo $\angle PCR = 1R$, ist auch $\angle F'CK = 1R$, also $CF'^2 + CK^2 = 4a^2$, mithin auch $CF'^2 + CF^2 = 4a^2$. Bewegt sich daher ein rechter Winkel (PCR) so, daß seine Schenkel eine Ellipse berühren, so beschreibt (§ 14, 2) sein Scheitel einen mit der Ellipse konzentrischen Kreis, dessen Radius $= \sqrt{2a^2 - c^2}$, also $= \sqrt{a^2 + b^2}$ ist.

§ 36. Der Krümmungsradius der Ellipse. Legt man durch einen Punkt P einer Kurve einen Kreis, der seinen Mittelpunkt in einem Punkte O der zu P gehörigen Normale hat, so berührt derselbe die Kurve in P. Wählt man als Mittelpunkt denjenigen Punkt O, in welchem die zu P gehörige Normale durch die Normale eines unendlich nahen Punktes der Kurve geschnitten wird, so nennt man den Kreis den zu P gehörigen Krümmungskreis, den Punkt O

den Krümmungsmittelpunkt und OP den Krümmungsradius. Unter allen durch den Punkt P gehenden Kreisen schließt sich der Krümmungskreis am engsten an die Kurve in der Nähe des Punktes P an. In dem besonderen Falle, wo die gegebene Kurve selbst ein Kreis ist, fällt er vollständig mit ihr zusammen.

Es seien nun P und P' zwei beliebige Punkte der Ellipse, O der Schnittpunkt der zugehörigen Normalen, $OP=\varrho$, $PN=n$, T der Schnittpunkt der Sekante $P'P$ mit der X-Achse, $\angle PTN=\alpha$, $\angle PNT=\beta$, $\angle P'N'T=\beta'$. Zieht man $PC \parallel NN'$, so ist $\varrho:(\varrho-n)=CP:N'N$, und die Winkel des Dreiecks PCP' sind bezw. α, β' und $180^0-(\alpha+\beta')$.

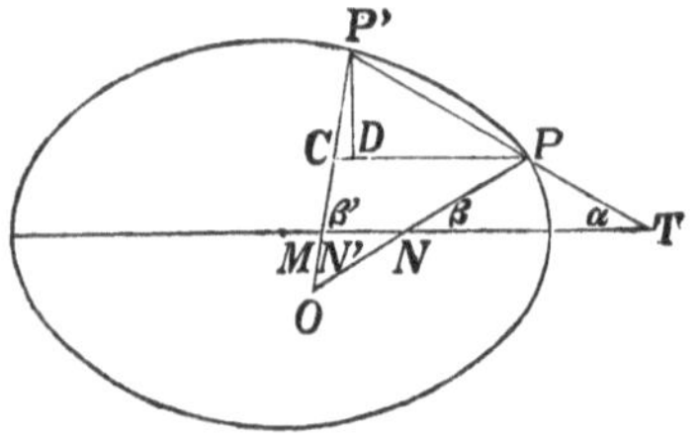

Nun ist $N'N=MN-MN'$, also nach § 29, Folg. 2) $N'N=e^2(x-x')$. Fällt man noch auf CP das Lot $P'D$, so ist $DP=x-x'$, also $N'N=e^2DP$. Demnach wird:

$$\frac{e^2\varrho}{\varrho-n}=\frac{CP}{DP}=\frac{CP}{PP'}\cdot\frac{PP'}{DP}=\frac{\sin(\alpha+\beta')}{\sin\beta'}\cdot\frac{1}{\cos\alpha}.$$

Hieraus läßt sich der Abschnitt $OP(\varrho)$ berechnen, welcher auf der durch P gelegten Normale durch eine beliebige zweite Normale begrenzt wird. Nimmt man jetzt P' unendlich nahe an P an, so wird O zum Krümmungsmittelpunkt, ϱ zum Krümmungsradius, und zugleich geht β' in β über, und da $P'T$ zur Tangente wird, α in $90^0-\beta$. Daher wird:

$$\frac{e^2\varrho}{\varrho-n}=\frac{1}{\sin\beta^2}, \quad \text{also} \quad \varrho=\frac{n}{1-e^2\sin\beta^2}.$$

Nach § 34, 4) ist aber $e\sin\beta=\sin\gamma$ und $n\cos\gamma=p$. Also gelten für den Krümmungsradius die einfachen Ausdrücke

$$\varrho=\frac{n}{\cos\gamma^2} \quad \text{oder} \quad \varrho=\frac{n^3}{p^2},$$

und aus dem ersten ergiebt sich die folgende Konstruktion des Krümmungskreises: Man errichte auf der Normale in N ein Lot, das den Brennstrahl $F'P$ in

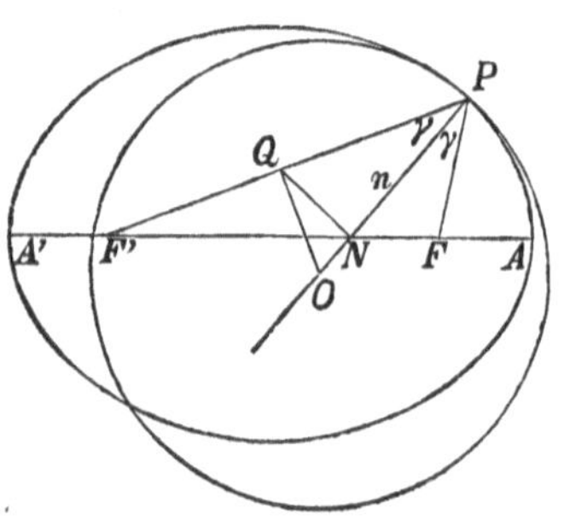

Q schneidet, und auf dem Brennstrahl in Q ein Lot, das die Normale in O schneidet; dann ist der Kreis, den man um O mit OP beschreibt, der gesuchte Krümmungskreis. — Da $a.n = b\sqrt{rr'} = b\sqrt{a^2 - e^2x^2}$, so ist $ab.\varrho = (a^2 - e^2x^2)^{\frac{3}{2}}$. In den Endpunkten der kleinen Achse ist $\varrho = a^2 : b$, in denen der großen $\varrho = b^2 : a = p$.

§ 37. Ebene Schnitte eines geraden Kegels.

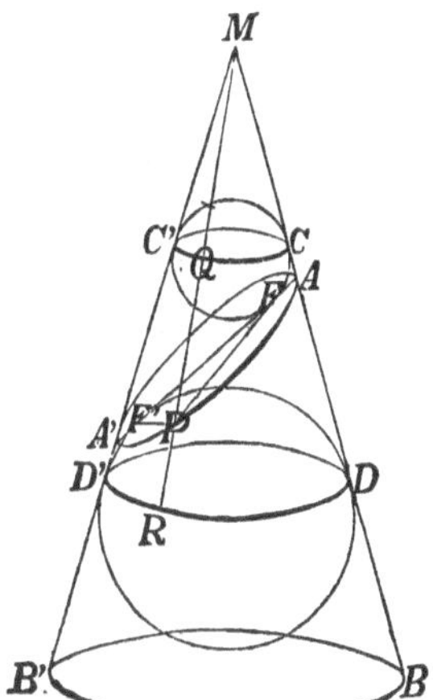

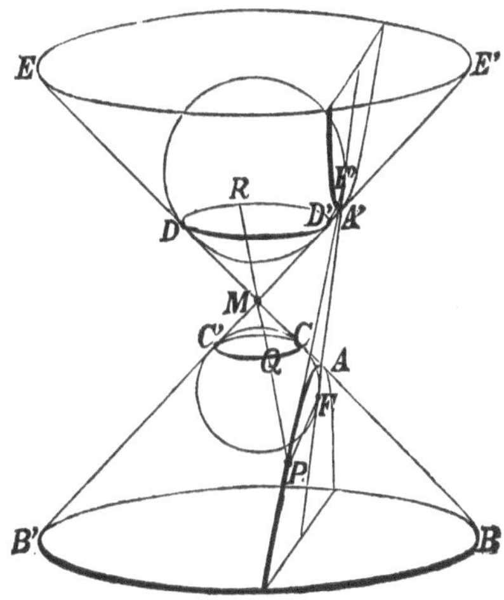

Der Mantel eines geraden Kegels werde von zwei Kugeln in den Kreislinien CC' und DD' berührt und von einer die Kugeln in den Punkten F und F' berührenden Ebene durchschnitten. Verbindet man einen beliebigen Punkt P der Schnittkurve mit F und F' und zieht die Seitenlinie MP, welche die Kreise CC' und DD' in Q und R schneidet, so ist, weil alle an eine Kugel aus demselben Punkte gezogenen Tangenten gleiche Länge haben, $PF = PQ$ und $PF' = PR$, also $PF + PF' = PQ + PR = QR = CD$, also konstant. Die Schnittkurve ist also eine Ellipse, und die Berührungspunkte F und F' sind ihre Brennpunkte. In der zweiten Figur ist der Kegelmantel über den Scheitel M erweitert und die zweite Kugel dem oberen Teile eingeschrieben. Die Kurve, in welcher die die Kugeln in F und F' berührende Ebene die Kegelfläche schneidet, besteht aus zwei getrennten Zweigen und wird eine Hyperbel genannt. Die Hyperbelebene ist zwei Seitenlinien der Kegelfläche parallel, nämlich denjenigen, in welchen die Fläche durch die zu der Ebene durch M gelegte Parallelebene geschnitten wird. Für jeden Punkt P des unteren Zweiges ist $PF' - PF = PR - PQ = QR = CD$, also konstant, für jeden Punkt des oberen Zweigs ist $PF - PF' = CD$. Natürlich kann diese Eigenschaft auch als Definition der Hyperbel genommen werden.

Behält die erste Kugel in Fig. 1 und 2 ihre Lage, während die zweite, größer und größer werdend, sich weiter und weiter und zuletzt ins Unendliche entfernt, so wird die Linie $AF \parallel MB'$ und nach § 23 die Schnittkurve eine Parabel, die demnach als Grenzfall sowohl der Ellipse als auch der Hyperbel betrachtet werden kann.

Unabhängig von dem als geraden Kegel bezeichneten Körper kann eine gerade Kegelfläche definiert werden als die durch Umdrehung einer Geraden um eine sie schneidende Achse entstehende Fläche. Man kann dann sagen: eine Ebene schneidet die Kegelfläche in einer Ellipse, Parabel oder Hyperbel, je nachdem sie alle Seitenlinien, oder alle bis auf eine, oder alle bis auf zwei schneidet.

V. Von der Hyperbel.

§ 38. Der geometrische Ort eines Punktes (P), dessen Entfernungen von zwei festen Punkten (den **Brennpunkten** F und F') eine konstante Differenz $(2a)$ haben, heißt eine **Hyperbel**. Es muß $2a$ kleiner als der Abstand $2c$ der Brennpunkte sein. Die Strecken FP und $F'P$ heißen **Brennstrahlen** oder **Radienvektoren**. Zur Hyperbel gehören sowohl diejenigen Punkte P, für welche $F'P - FP = 2a$ oder $r' - r = 2a$, als auch diejenigen, für welche $FP - F'P = 2a$ oder $r - r' = 2a$ ist. Im ersten Falle ist $r' > r$, und es liegt daher P mit F an derselben Seite der Mittelsenkrechten MY von $F'F$; im zweiten Falle liegt P mit F' an derselben Seite von MY. Die Hyperbel besteht also aus zwei getrennten Zweigen. Trägt man von M (dem **Mittelpunkte** der Hyperbel) aus die Strecke a auf MF und MF' ab, so erhält man die **Scheitel** A und A' und die von ihnen begrenzte **Hauptachse** $(2a)$ der Hyperbel. Man nennt den Abstand c eines Brennpunkts

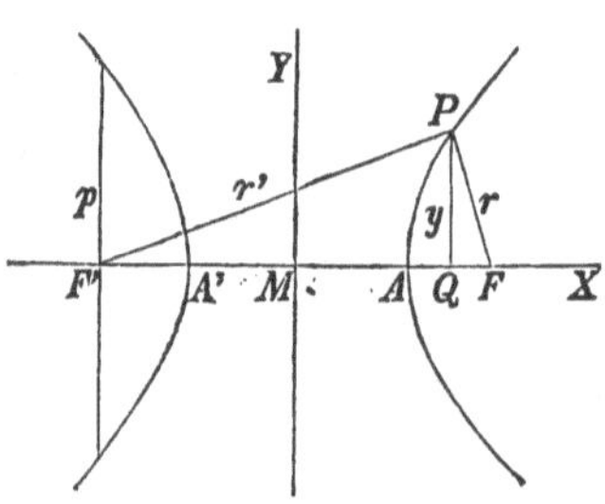

vom Mittelpunkt die lineare und das Verhältnis $c:a(=e)$ die numerische Excentricität; da $c>a$, so ist $e>1$.

Die Punktkonstruktion der Hyperbel ist in ganz ähnlicher Weise wie die der Ellipse ausführbar.

§ 39. Aufgabe. Die Mittelpunktsgleichung der Hyperbel aufzustellen.

Auflösung. Wie bei der Ellipse gelten die Gleichungen
$r'^2=(ae+x)^2+y^2$; $r'^2+r^2=2(a^2e^2+x^2+y^2)$; $r'^2-r^2=4aex$.
Die Abscisse x ist positiv oder negativ, je nachdem P dem rechts oder links liegenden Hyperbelzweige angehört. Nun ist $r'-r=\pm 2a$, wo das Zeichen $+$ oder $-$ zu nehmen ist, je nachdem x positiv oder negativ ist; also wird $r'+r=\pm 2ex$, folglich:

$$r'=\pm(ex+a),\quad r=\pm(ex-a).$$

Durch Einsetzung dieser Werte in die Gleichung für r'^2+r^2 erhält man für die Hyperbel dieselbe Gleichungsform wie für die Ellipse, nämlich

$$a^2(1-e^2)=(1-e^2)x^2+y^2.$$

Da aber für die Hyperbel $1-e^2$ negativ ist, so setzt man
$a^2(1-e^2)=-b^2$ (so daß $b^2=c^2-a^2$ oder $a^2+b^2=c^2$ wird)
und erhält als Gleichung der Hyperbel:

$$\frac{x^2}{a^2}-\frac{y^2}{b^2}=1,\quad \text{oder:}\quad y=\pm\frac{b}{a}\sqrt{x^2-a^2}.$$

Liegt x zwischen $-a$ und a, so wird y imaginär; zwischen den in A' und A auf der X-Achse errichteten Loten (den Scheiteltangenten) liegt also kein Punkt der Hyperbel. Da für $x>a$ und $x<-a$ die Ordinaten stets reelle Werte besitzen, so erstreckt sich jeder der beiden Hyperbelzweige bis ins Unendliche. — Der Parameter $2p$ der Hyperbel wird ebenso wie bei der Ellipse definiert. Für $x=c$ wird der positive Wert von $y=p$, also $p=b\sqrt{c^2-a^2}:a=b^2:a$.

§ 40. Der Winkel α einer Sekante PP_1 mit der X-Achse ist durch die Gleichung $\operatorname{tg}\alpha=(y_1-y):(x_1-x)$ bestimmt. Nun folgt durch Subtraktion der Gleichungen

$$\frac{x^2}{a^2}-\frac{y^2}{b^2}=1,\quad \frac{x_1^2}{a^2}-\frac{y_1^2}{b^2}=1,\ \text{daß}\ \frac{y_1-y}{x_1-x}=\frac{b^2(x_1+x)}{a^2(y_1+y)}.$$

Läßt man jetzt die Punkte (x,y) und (x_1,y_1) zusammenfallen, so erhält man für den Winkel α der Tangente PT mit der X-Achse, so wie für die Subtangente TQ und den Abschnitt MT die Formeln:

$$\operatorname{tg}\alpha = \frac{b^2 x}{a^2 y}; \quad TQ = \frac{a^2 y^2}{b^2 x}; \quad MT = x - TQ = \frac{a^2}{x}.$$

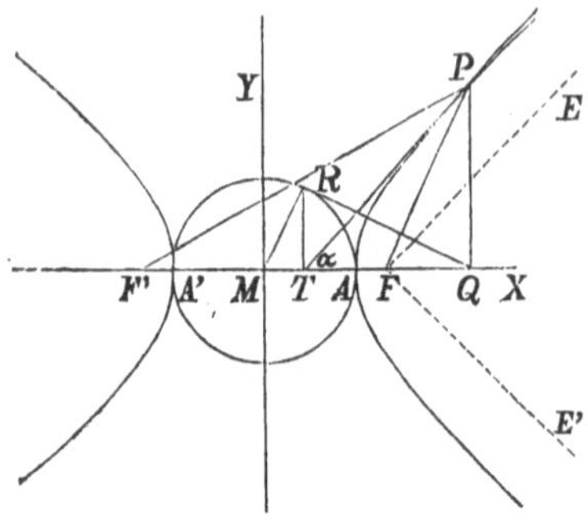

Nach der letzten Gleichung kann man den Punkt T und somit auch die Tangente PT konstruieren, indem man an den Kreis über AA' (den Scheitelkreis) vom Fußpunkte Q der Ordinate QP die Tangente QR zieht und auf MQ das Lot RT fällt. Denn dadurch wird $MR^2 = MT.MQ$, oder $a^2 = MT.x$, also $MT = a^2 : x$.

Man beachte auch, daß $QR = \sqrt{x^2 - a^2}$ ist, also $y : QR = b : a$. Nach dieser Proportion könnte man zu jeder Abscisse die zugehörige Hyperbelordinate mit Hülfe des Scheitelkreises konstruieren.

Bezeichnet man die Punkte, in denen die Y-Achse von dem um A mit MF (c) zu beschreibenden Kreise geschnitten wird, durch B und B', so ist $MB = MB' = b$; man nennt BB' $(2b)$ die Nebenachse der Hyperbel. Ist $b = a$, so heißt die Hyperbel eine gleichzeitige; die Gleichung derselben ist $x^2 - y^2 = a^2$; ihre Punkte könnten mit Hülfe der Gleichung $y = QR$ konstruiert werden.

§ 41. Den Eigenschaften der Ellipse entsprechen völlig analoge der Hyperbel und lassen sich in entsprechender Weise herleiten. Z. B.:

Die Tangente halbiert den Winkel (FPF') der Brennstrahlen nach dem Berührungspunkte. Die Fußpunkte der auf die Hyperbeltangenten aus jedem Brennpunkte gefällten Lote liegen auf dem Scheitelkreise; das Produkt der Entfernungen jeder Tangente von den beiden Brennpunkten ist $= b^2$, also konstant.

Die Scheitelgleichung der Hyperbel (vergl. § 31) ist, für $AQ = x'$, also $x = a + x'$:

$$y^2 = 2px' + \frac{px'^2}{a}.$$

§ 42. Die Hyperbel besitzt, wie die Ellipse, zwei Leitlinien und ist der geometrische Ort eines Punktes, dessen Entfernungen von einem festen Punkte und einer festen geraden Linie das konstante Verhältnis $e(>1)$ haben. Der Beweis kann mittels der Gleichung $\pm r = ex - a$ (§ 39) analog § 30 geführt werden.

Die Polargleichung des den Brennpunkt F umgebenden Hyperbelzweiges ($r = ex - a$) ist, wenn $\angle PFA = \varphi$ gesetzt wird (wodurch $x = ae - r\cos\varphi$ wird):

$$r = \frac{p}{1 + e\cos\varphi}.$$

(Soll dieselbe Gleichung auch den zweiten Hyperbelzweig darstellen, so muß man für r auch negative Werte zulassen.)

Bestimmt man den spitzen Winkel ε durch die Gleichung $\cos\varepsilon = 1 : e$, so wird der Nenner $1 + e\cos\varphi = 0$, also r unendlich groß für $\varphi = 180^0 - \varepsilon = \angle AFE$ und $\varphi = 180^0 + \varepsilon = \angle AFE'$.

Die Geraden, welche man durch den Mittelpunkt M parallel mit den Richtungen FE und FE' ziehen kann, heißen wegen der im folgenden § zu beweisenden Eigenschaft die Asymptoten der Hyperbel. Ihre Gleichungen sind, wenn η, bezw. η', die zur Abscisse x gehörige Ordinate bezeichnet: $\eta = x\operatorname{tg}\varepsilon$ und $\eta' = -x\operatorname{tg}\varepsilon$, oder da $\operatorname{tg}\varepsilon = \sqrt{1 - \cos\varepsilon^2} : \cos\varepsilon = \sqrt{e^2 - 1} = b : a$ ist,

$$\eta = \frac{b}{a}x \quad \text{und} \quad \eta' = -\frac{b}{a}x.$$

§ 43. Man schneide die Scheiteltangenten durch den Kreis vom Durchmesser FF' in E, D, E', D' (wodurch z. B. $AE = \sqrt{ME^2 - MA^2} = \sqrt{c^2 - a^2} = b$ wird), dann sind DD' und EE' die im vorigen § als Asymptoten bezeichneten Geraden ($\operatorname{tg}\angle AME = AE : MA = b : a$). Zu der positiven Abscisse x (MQ) konstruiere man den Hyperbelpunkt P mit der positiven Ordinate y und den Asymptotenpunkt H mit der positiven Ordinate η. Aus den Gleichungen $a^2y^2 = b^2(x^2 - a^2)$ und $a^2\eta^2 = b^2x^2$ folgt dann, daß

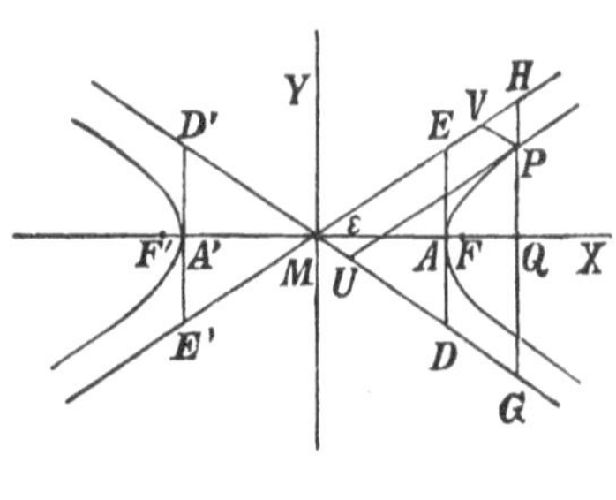

$\eta^2 - y^2 = b^2$, also $\eta - y = b^2 : (\eta + y)$ ist. Bewegt sich der Punkt P auf der Hyperbel weiter, so daß y über jede gegebene Größe hinaus wächst, so wird die rechte Seite der Gleichung, also auch $\eta - y$ oder

PH, kleiner als jede gegebene noch so kleine Strecke, erreicht aber niemals den Wert Null. Die Hyperbel nähert sich also, weiter und weiter fortgesetzt, unbegrenzt ihren Asymptoten, ohne jedoch mit ihnen zusammenzufallen.

§ 44. Man ziehe zu den Asymptoten die Parallelen $UP(v)$ und $VP(u)$; dann ist $\triangle PHV \sim DEM$, und wenn HP bis zum Schnittpunkte G mit der zweiten Asymptote verlängert wird, auch $GPU \sim DEM$. Daher ergiebt sich $u:(\eta - y) = c:2b$ und $v:(\eta + y) = c:2b$, also mit Rücksicht auf die Gleichung $\eta^2 - y^2 = b^2$:

$$u.v = \tfrac{1}{4}c^2.$$

Für alle Punkte der Hyperbel ist also das Produkt der Parallelen zu den Asymptoten konstant. Auch der Flächeninhalt des Parallelogramms $MUPV$ ist in Folge dessen konstant. (Denn derselbe ist $= uv \sin 2\varepsilon$, also $= \frac{1}{4}c^2 \sin 2\varepsilon = \frac{1}{2}ab =$ dem Rhombus, von dem MA eine Diagonale ist.)

Die Abschnitte $MU(u)$ und $MV(v)$ können als die schiefwinkligen Koordinaten des Punktes P in Bezug auf die Asymptoten als schiefwinklige Koordinatenachsen angesehen werden, und die Gleichung $uv = \frac{1}{4}c^2$ als die Gleichung der Hyperbel in Bezug auf diese Achsen.

Nur für die gleichseitige Hyperbel ($b = a$) wird der Asymptotenwinkel 2ε ein Rechter, und ihre Gleichung in Bezug auf die Asymptoten ist $uv = \frac{1}{2}a^2$.

§ 45. Eine Gerade schneide die Hyperbel in P und P' und die Asymptoten in R und S. Zieht man $PV \parallel SM$ und $P'U' \parallel RM$, so ist $MV.VP = MU'.U'P'$ $(= \frac{1}{4}c^2)$, also auch, wenn Z der Schnittpunkt von VP und $U'P'$ ist, $U'Z.VP = VZ.U'P'$, oder $U'Z:U'P' = VZ:VP$. Es ist daher $U'V \parallel PP'$; die Vierecke $U'VRP'$ und $U'VPS$ sind also Parallelogramme, mithin $P'R = SP$, und folglich auch $PR = P'S$. (Dasselbe findet statt, wenn P auf dem einen und der zweite Schnittpunkt P'' auf dem anderen Hyperbelzweige liegt; nur fallen dann R' und S' zwischen P und P''.) Es gilt also der

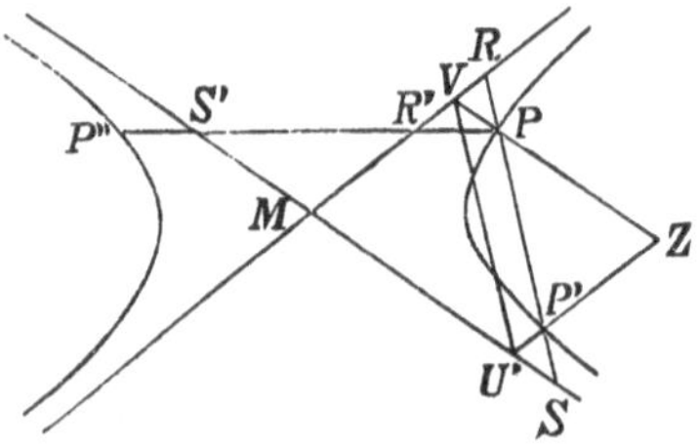

Lehrsatz. Die Abschnitte einer Sekante (oder Sehne) zwischen der Hyperbel und ihren Asymptoten sind einander gleich. (Hiernach lassen sich sehr leicht beliebig viele Punkte der Hyperbel zeichnen, wenn ein Punkt der Hyperbel und ihre Asymptoten gegeben sind; denn für jede durch P gezogene und durch die Asymptoten begrenzte Gerade RS findet man einen Hyperbelpunkt P', indem man RP von S bis P' abträgt.)

Folgerungen. 1) Der durch die Asymptoten begrenzte Abschnitt einer Tangente wird durch den Berührungspunkt halbiert. (P und P' fallen hier zusammen.)

2) Die Tangenten begrenzen mit den Asymptoten Dreiecke von konstantem Flächeninhalt ($= 2uv \sin 2\varepsilon = ab$).

3) Die Halbierungspunkte paralleler Hyperbelsehnen liegen auf einer durch M gehenden Geraden. Denn sie fallen zusammen mit den Halbierungspunkten von Strecken, die den Sehnen parallel sind und durch die Asymptoten begrenzt werden.

FSC
www.fsc.org
MIX
Papier | Fördert gute Waldnutzung
FSC® C083411

Zeitfracht Medien GmbH
Ferdinand-Jühlke-Straße 7
99095 Erfurt, Deutschland
produktsicherheit@kolibri360.de